烏龍院動物星球 6

作者 敖幼祥

魚

時報出版

一支打開「魚」寶藏之門的鑰匙

　　現代的兒童想學點東西還真不容易，正經八百的念書沒興趣，網路資訊雖然多，既沒有系統，又不知道真假，真正愛做的事是看漫畫，但坊間漫畫，不是天馬行空的科幻、虛無飄渺的愛情，就是遙不可及的生活神話。想要吸收點紮實的知識，還真不知從哪兒著手？

　　倒是從沒有想到漫畫大師敖幼祥先生願意落入凡間，和時報出版社合作了一系列寓教於樂、快樂又紮實的「烏龍院動物星球」系列，讓冷僻又少人聞問的生物知識，有機會重入現今這個充滿科技、電腦、手機、電玩、偶像、時尚，卻獨缺對自然生命之愛的社會。

　　因此如何讀好這套書，善用這種靈光乍現的機會，豐富我們及子女的知識與視野，才是聰明的選擇。

　　我了解魚，讓我來帶你們一塊兒欣賞這本《烏龍院動物星球⑥：魚》的「魚劇場」。

　　「魚劇場」開宗明義的先告訴了讀者「魚」的定義，有趣的是它也破解了許多「不是魚的魚」的誤謬。然後是魚的歷史，告訴我們現今的魚，演化初期曾和人類及許多其他生物共享同樣的祖宗！更有趣的是，其實在許多現代生物的胚胎發育過程中，胚體會出現很多共同的特徵，如：鰓裂和尾巴，然後再逐漸消失，顯示大家的確來自同一祖先，在生物學上，這就叫做「胚胎

重演說」。

　　有了這些認知，作者再帶領讀者進入魚類特殊的器官構造，如：鰓、鱗、鰭、運動方式等等，將魚兒要生活在水中，和其他生物不同的特色彰顯出來。最後，有了基本的知識和了解後，劇場才開始以一條一條不同的魚種，來描述牠們為了適應各種環境所做的特殊演化。整本書由大格局到小構造，由巨觀到個體，為魚的世界做了一個提綱挈領的介紹。

　　當然在閱讀過程中，我們一定不能忘了敖先生的生花妙「畫」，以及三不五時冒出來的烏龍院師徒冷笑話，使得生硬的科學，一路讀來津津有味。但也不應忘了這本書只是介紹魚類的入門，世界上有超過七十％是水的世界，已發現的魚類就已超過三萬種，其間蘊含著無窮無盡的新知識，「魚劇場」只是一支打開這個寶藏之門的鑰匙，引導我們能從開始了解牠們、愛護牠們，進而創造共存共榮的美好未來。

　　敖先生是自然生命的愛好者，我也是自然生命的探尋者，看完這套有趣的書，每一位讀者都是。

國立海洋生物博物館創館館長、
臺灣濕地保護聯盟理事長　方力行

噬魚惡魔 ── 人類

中國人對魚的第一個反應就是 ──「吃」！

愈是活蹦亂跳的愈新鮮，若是死魚還得選擇鰓最紅，眼睛最亮的！

至於吃法嘛！生割、清蒸、紅燒、醋溜、油炸、羹湯⋯⋯

一魚三吃不稀奇，在桃園石門還有一魚二十四吃的哪！

就連魚骨頭也都不浪費的拿來剔那塞飽的蛀牙縫，然後撫摸肥油肚、含著牙籤咧著油嘴的說：「這條魚有那麼一點土味兒！」

一條魚游進了人類的勢力範圍，牠的命運只是在於如何的死法。

大魚吃中魚，中魚吃小魚，小魚吃蝦米的大自然食物鏈理論，早已被沒有鰓的人類徹底毀滅了！

撈、捕、釣、毒、電、炸，現在仗著科技，可以由衛星導引準確測出魚群的位置，一網打盡！

鯊魚在幾年當中才會不小心啃到一條人腿，卻立刻被指責成噬人惡魔！

　　然而人類卻每天都在很貪婪的獵捕鯊魚，割下牠們的鰭送到餐館裡做成昂貴的魚翅。

　　餐桌上的人一面吃一面談笑：「你看過電影《大白鯊》嗎？好恐怖哦！」

　　説著説著，手裡又勺起瓢魚翅羹……

CONTENTS

烏龍院魚劇場 PART1

烏龍院魚劇場 PART2

無頜魚類

CONTENTS

CONTENTS

我們居住的地球總面積的四分之三是海洋。

在大洋的表層、中層、深海以及大小河川湖泊溪流等等，都棲息著各種各樣的魚類。

烏龍院魚劇場 PART1

現在所發現的魚類已經超過了三萬多種，在數量或種類上已超過哺乳類、鳥類、爬蟲類、兩棲類的總和。

魚類是最早出現在地球上的脊椎動物。就讓我們一起進入魚類的世界！

拜託不要貪吃魚翅了

015

魚的定義

大師父的答案只說對了一部分。

魚的定義可以歸納成三大要素。

一、全部生活於水中的脊椎動物。

二、用鰭使身體前進並保持平衡。

三、用鰓（ㄙㄞ）呼吸水中的氧。

由這三點魚的定義就可以將其他的水生動物和魚類做明確的區分。

牠們都不是魚。

胖師父！
我很矛盾！

鱷魚、章魚、魷魚既然不是魚，但是為什麼牠們的名字有「魚」字呢？

這……這的確是個很矛盾的問題！

大概是取名字的人沒像你們這麼聰明吧！？

有點對又不太對的答案。

知道更多……

雙眼往不同方向轉?

　　魚兒的腦容量小,不過,魚兒卻有靈敏非凡的視覺和嗅覺,一般魚兒的眼睛晶體不僅可以前後移動,調整焦距,有些雙眼還可以各自向著不同的方向轉動。有空不妨試試,看看自己是否也有魚兒這般能耐!

魚也要睡覺?

　　魚兒是不是也需要睡眠呢?答案是肯定的,小魚兒和所有脊椎動物一樣,都需要睡眠。魚兒睡覺的時候,大多是靜止在一個地方,像鸚嘴魚就喜歡橫臥在水底睡覺,白鰱魚則喜歡在夏日的午後躲在水草下面打個盹兒!由於多數的魚兒沒有眼瞼,無法闔著眼睡,使人不易察覺魚兒是否睡著了,事實上只要見著牠們緩緩的、有節奏的搧動著鰓蓋、背鰭、臀鰭時,你最好輕聲慢語,不要打擾了魚兒的安眠。

多功能的耳石

　　每一種魚的耳腔裡，都各自長著大小形狀不同的耳石。黃魚的耳石特別大，所以有「石首魚」的稱號。魚兒們就是藉由耳石這種精巧的器官維持魚體平衡；不過，耳石還有感受聲音的功能。另外，也可以透過耳石來推算魚兒的年齡，耳石的體積會隨著年齡的增長而加大，它的形式就和鱗片上的年輪非常相似。

為什麼魚可以在水中悠游？

　　魚在水裡能游動自如，上浮下沉，是想當然耳的事情，但為什麼魚兒能，你就不能呢？這是因為許多魚兒體內有一個充滿氣體的囊狀鰾，來助牠在水中升浮沉潛，依靠鰾內充氣多寡的程度來控制、調整牠在水中的位置；而牠尾部強力的運動，也是牠在水中浮沉的一股助力。至於牠的背鰭和臀鰭，則能幫助牠在水中保持平衡，胸鰭的作用亦然。但鯊魚和魟魚就沒有鰾。

魚的演化

地球上，最早出現的生命，是三十四億年前的單細胞生物。

我們居住的地球根據推算，大約已經四十五億歲了。

魚什麼時候才出現？

一直到六億年前才逐漸有了海綿動物、腔腸動物、軟體動物等等無脊椎動物。然而這些生命都誕生於水中。

哇！說魚魚到！

大約是五億年前吧！

古老的囊鰓類無頜魚是最原始的魚形脊椎動物。牠們沒有雙頜，只能靠著圓形的口吸吮食物（頭甲魚實際大小僅十公分）。

頭甲魚

脊椎的出現是生物界由無脊椎動物邁向進化的重大突破。

我進步了!

這裡是脊椎骨嗎?

那是肋骨!

脊椎是身體中央的一條堅硬又能彎曲的支柱。

這是人類脊椎骨的位置。

對了!

附著在脊椎上的肌肉能牽動背部,使身體向前進,因而使得動物得到更大的行動力,到達更遠的地方,這對整個動物的演化過程是深具影響力的。

到了四億年的時候，魚類又有一項更大的進化！

是不是出現了第二條脊椎？

喔！你是魚妖嗎？

板鰓類的粒骨魚

這時期的魚由鰓弦進化成可以咬合的頜骨，從此改變了捕食的方式，也加速了魚類進化的過程。

動物的進化很奧妙吧！

花了一億年才長出一個下巴！

我將來有可能進化成大超人！

這樣子才像！

三頭六臂

如果把動物的進化比喻成一棵大樹，那麼原始脊椎動物的「魚」，就是樹的種子。

萌芽茁壯並分枝成各類的魚。

有些分枝繁榮了起來！

有些分枝則遭到淘汰。

現在生存下來的魚就好比大樹上最高最細的分枝，牠們是在生存競爭中成功適應的種類。

硬骨魚

軟骨魚

無頜魚

盾甲魚

現在的魚可分為三大類：無頜魚、軟骨魚、硬骨魚。每一類都是經由不同的途徑演化而來，所以各類的體型和內部構造都有極大的差異。

知道更多……

名副其實的「海球」

　　有人說海洋是一切生命的故鄉。在四十六億年前地球剛形成，沒有任何的生物。到了三十五億年前，天空開始降雨使地球上的窪洞填滿了水而形成一大片一大片的海洋。一直到了三億年前，海裡的生物爬上了陸地，才開始有了陸生動物的世界。因此有生物學家這麼說：「海洋是地球上最大的動物培育場。」的確，至今海中動物的數量和種類都比地上多，而且在地球表面上有七十一％是海洋，若將地球改名「海球」，也不為過呢！

最古老的脊椎動物

　　當地球還是一片混沌不明的時候，海洋裡已出現了單細胞的生物。而在五億多年前出現了最古老的脊椎動物，那就是魚。最原始的魚類沒有頜，叫做無頜類，例如：骨甲魚。骨甲魚在距今約四億年前的泥盆紀最為繁盛，但到二億多年前就絕滅了，繁衍到今的八目鰻和盲鰻等無頜類魚，因此被稱為「活化石」。軟骨魚類、硬骨魚類也都出現在泥盆紀，使得這時期成為魚類的全盛時期，所以又叫做魚類時代。

保護海洋

　　海洋中的浮游植物行光合作用提供氧氣、蒸發的水氣形成雲雨，提供濕氣及溫度的調節，形成氣象變化，同時也是魚類的故鄉；可是我們卻很少加以珍惜。臺灣是一個海島，但島上居民對海洋視若無睹，也不關心，以致今天臺灣近海、沿岸的生態已嚴重生病了！每年，塑膠漁具、袋子及其他塑膠廢料，殺死近百萬海鳥、數萬隻海洋哺乳動物及難以估計的魚類。清除海灘上的塑膠品可搶救許多生命！要搶救海洋，其實很簡單：請你幫忙撿拾垃圾，或認養一段海灘來照顧它，或組織朋友，透過活動、宣傳來喚醒大家的關懷。另外，大部分的洗衣粉及清潔劑都含有磷酸鹽，排入河川湖泊後，水中營養素大增，形成「藻類飆長」現象。當藻類自然死亡後，細菌分解藻類時，用盡大量水中的氧氣，結果使水中其他植物及動物缺氧而無法生存，所以，購置洗衣粉時，可選擇低或無磷酸鹽的產品。小小動作，大大環保。

魚的體型和行動

魚生活在水中，水是一種比較濃密的溶媒。

為了行動迅速，所以魚的體型在水中必須用最經濟的能量來獲得最有效的行動。

魚沒有陸生動物的頸部，頭的後面就是軀幹，軀幹的後面就是尾部。

PODO!

頭部、軀幹、尾部三部之間以鰓孔和肛門為界。

尾部　　軀幹　　頭部

肛門　　鰓孔

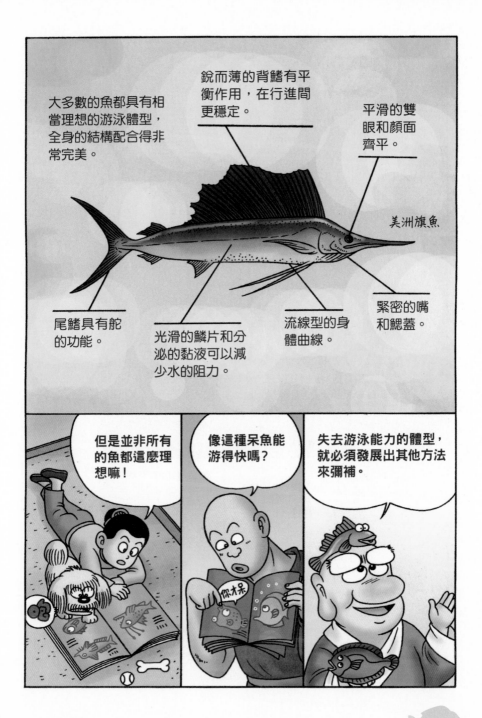

大多數的魚都具有相當理想的游泳體型，全身的結構配合得非常完美。

銳而薄的背鰭有平衡作用，在行進間更穩定。

平滑的雙眼和顏面齊平。

美洲旗魚

尾鰭具有舵的功能。

光滑的鱗片和分泌的黏液可以減少水的阻力。

流線型的身體曲線。

緊密的嘴和鰓蓋。

但是並非所有的魚都這麼理想嘛！

像這種呆魚能游得快嗎？

失去游泳能力的體型，就必須發展出其他方法來彌補。

你才呆

例如：神仙魚的保護色。

鰈魚的擬態。

粒突箱魨的硬刺。

電鰩的強力發電器。

鮟鱇的誘捕技法。

小魚為了生存，竟然能創造特殊的功能！

這就是物競天擇，適者生存吧！

有沒有「不要臉」這一招？

我是天才魚

現在來看看
魚類肌肉的
構造。

我是
天才魚

魚的肌肉不像
陸上動物那麼
複雜。

魚類肌肉很簡
單,主司行動
的是從軀幹到
尾部的大肌肉
帶,肌節的數
目和脊椎骨數
相同。

脊椎骨

肌節

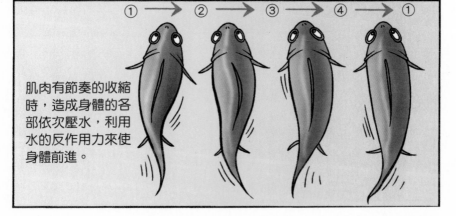

① → ② → ③ → ④ → ①

肌肉有節奏的收縮
時,造成身體的各
部依次壓水,利用
水的反作用力來使
身體前進。

035

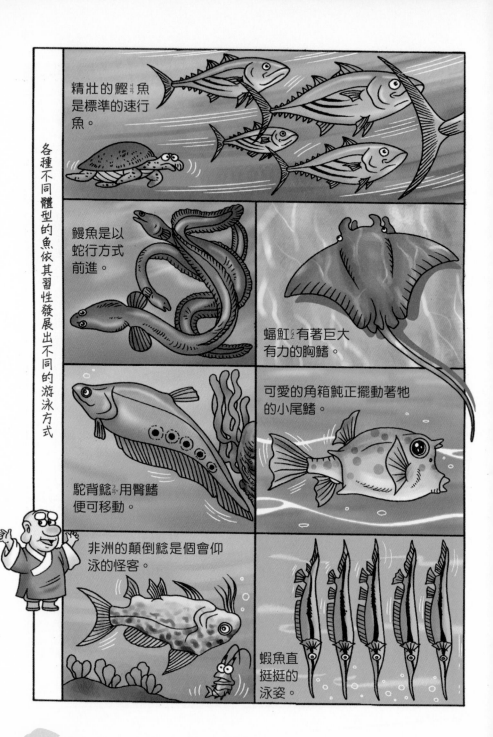

各種不同體型的魚依其習性發展出不同的游泳方式

精壯的鰹魚是標準的速行魚。

鰻魚是以蛇行方式前進。

蝠魟有著巨大有力的胸鰭。

駝背鯰用臀鰭便可移動。

可愛的角箱魨正擺動著牠的小尾鰭。

非洲的顛倒鯰是個會仰泳的怪客。

蝦魚直挺挺的泳姿。

所有魚類在水中運動，
主要採用兩種方法：
一、軀體的運動。
二、鰭的運動。

哇噢！這條魚是
用漂浮式泳姿！

那是什
麼魚？

瘋啦！
把我的木魚
拿去泡水！

呔！捶
出魚形
腫包！

側線

　　你可曾發現，幾乎絕大部分的魚體兩側都有一條自頭部通向尾末的線狀花紋，這就是魚兒的側線。大多數的魚兒沒有了側線就很難在水中生存。為了滿足人類所謂的求知欲，科學家們做過一個殘忍的實驗：他們把狗魚的眼睛弄瞎後，發現牠還能照常捕捉食物，但將側線切斷後，狗魚就無法覓食且茫然無措了！所以側線是魚兒們在水中討生活的重要感覺器官。

　　成群的魚兒在洄游時，是如何和同伴保持聯絡通訊的呢？也是靠側線。任何生物在水中游動引起的振波，魚兒都能透過側線感覺到，因此在洄游時牠們也能靠著側線及時了解同伴的動向。當漁人在圍網捕撈鮐ㄊㄞ或鰺ㄕㄣ的時候，只要網的一角沒有圍好，或是有破洞，那麼魚兒就會透過側線相互告知而成群結隊的從缺口逃脫。而美國盲鰍ㄑㄧㄡ魚及古巴盲魚的側線就格外發達，在禦敵和覓食的時候牠們所靠的就只有側線了！

魚的保護色

　　大多數的魚，腹部的顏色都比較淺，通常都呈乳白色，也就是俗稱的魚肚白；而在背部的地方色澤就較深了，有呈黑色、深灰或草綠、赤褐。魚兒這種背濃腹淡的顏色，具有隱蔽自身躲避敵害的作用，這在動物學上稱為「保護色」。像生活在海藻叢中的花尾

胡椒鯛身上就有著藍色條紋和花綠斑點；而在紅色珊瑚礁附近的小魚兒，就呈深紅體色，透明的玻璃魚理所當然活動在澄清的水域中囉！

趨光性

就和飛蛾撲火一樣，有些小魚兒也有趨光的習性，但牠們不會像飛蛾一見著燈亮就奮不顧身的直奔向前，追求剎那的燦爛。小魚兒的情調是細水長流似的浪漫，牠們喜歡在有月亮的夜晚浮到水面，迎著月光漫游；牠們絕不會在強烈的陽光下出現。因此漁人想要捕捉牠們只能利用月色昏暗的夜晚以燈照來引誘牠們！如果在月光明亮的晚上再用燈照，是怎麼也誘拐不到牠們的！

有些小魚兒像沙丁魚、竹筴魚，特別喜歡紅色的光亮，如果在綠色的燈照下，牠們會顯得躁動不安，四處亂竄游離，一旦改成紅色光照射時，魚群就會在光源下聚集，而且變得非常安靜；所以當漁人誘魚時，看見他們使用紅色燈泡時，你大概可以知道，今晚將是小沙丁魚兒的最後一夜了！當然也有些魚是見光死的，像鰻鱺一見到燈光就唯恐避之不及的逃之夭夭！

魚的呼吸

鰓 ㄙㄞ

鰓是脊椎動物最原始的呼吸器官。鰓絲上充滿著細的微血管，當水通過時，管壁會吸收氧氣並排出二氧化碳。

過濾水中雜質的鰓耙。

支撐鰓弓的骨骼。

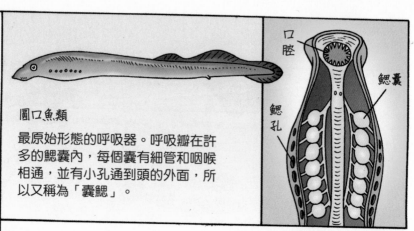

圓口魚類

最原始形態的呼吸器。呼吸瓣在許多的鰓囊內，每個囊有細管和咽喉相通，並有小孔通到頭的外面，所以又稱為「囊鰓」。

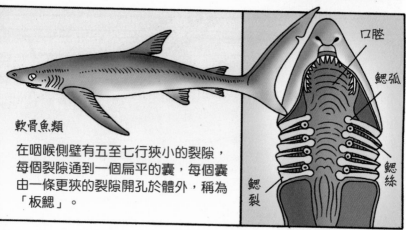

軟骨魚類

在咽喉側壁有五至七行狹小的裂隙，每個裂隙通到一個扁平的囊，每個囊由一條更狹的裂隙開孔於體外，稱為「板鰓」。

硬骨魚類

由咽喉吸入的水集中在同一個鰓室中，過濾處理後由外鰓孔排出，鰓室的外壁有一塊能活動的鰓蓋骨保護著。

鰓的類型在下面三群魚類中，構造有所不同。

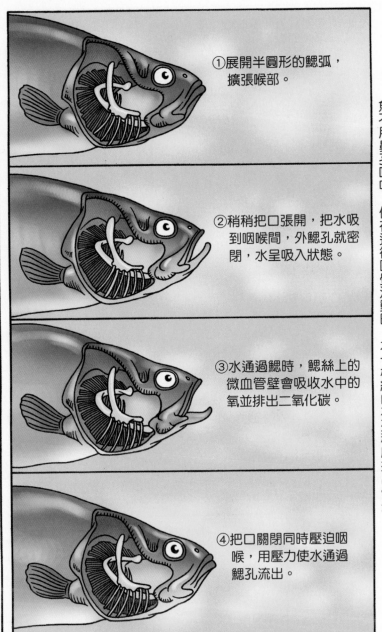

① 展開半圓形的鰓弧，擴張喉部。

② 稍稍把口張開，把水吸到咽喉間，外鰓孔就密閉，水呈吸入狀態。

③ 水通過鰓時，鰓絲上的微血管壁會吸收水中的氧並排出二氧化碳。

④ 把口關閉同時壓迫咽喉，用壓力使水通過鰓孔流出。

不論是哪一種魚類，鰓的呼吸原理是一樣的。

魚不用鼻孔呼吸，但在進行嗅覺活動時，水一樣經由左列程序排出體外。

你們認為肺是由鰓演變的嗎?

不對!你們答錯啦!

錯

遠古以前海中的魚來到了淡水棲息。

由於淡水裡沉澱腐質太多,氧氣不足,造成呼吸困難,所以魚就必須把頭伸出水面來取得空氣。

呼吸

這種狀況成了習慣,久而久之,食道壁就生出氣囊來儲存氧氣。

剖面圖

食道

氣囊

改善了呼吸空氣的習性，於是逐漸向岸上去獲得更豐富的食物。

橫切面

肺魚的氣囊

氣囊也漸漸的發達成肺。

爬蟲類的肺

此時的鰭也演化成適合爬行的四肢。為了避免滅絕，陸生爬蟲動物演化出各種適應不同環境的種類。

少數種類重新適應水中生活，返回海洋，如：哥拉巴哥群島的蜥蜴。

而原來在海洋中的魚也演化出巨大且呈流線型的體型，並發展出各種游泳方式。

從腸道演化出來的器官——鰾，可調節魚在水裡的沉浮。

原來如此。

金剛大哥，那個字念「鰾」ㄅㄧㄠˋ！

魚票

胡扯！明明就是「魚票」！

我又錯啦！

知道更多……

水中的氧氣

溶解在水中的氧氣，主要有二個來源：一是大氣中的氧經由大洋面、河川、溪流水面溶進水中；另一是水中的植物本身行光合作用所產生的。不過水中的氧氣量，比起大氣中的含氧量要少了許多；還好魚兒能夠盡量減少呼吸，以適應水中貧乏的含氧量，例如：魚兒的體溫會隨著水溫調節改變，因而可降低呼吸量，但若水溫驟然改變，魚類就很難適應並且因此死亡。

泛池

到了夏天，天氣燠熱不堪時，魚兒常會有「泛池」的現象。什麼叫作泛池呢？當水底的腐植質，遇到水溫上升的時候，會加速分解而消耗氧氣，產生二氧化碳，再加上水中原來的生物屍體和糞便，遇熱分解出的硫化物，都會使得魚兒呼吸失常而死亡，簡單的說就是當天氣一熱，河水中的魚常會浮到水面吞嚥空氣，最後翻腹而死的現象，我們稱之為「泛池」。

厚冰層下的魚怎麼呼吸？

北風呼呼的吹時，湖面上結了一層厚厚的冰，冰下的魚兒總是三五成群的聚集在冰孔周圍，還吐出一個個水泡，原來這群小魚兒在冰水悶慌了缺氧呢！由於湖面的冰不斷的加厚，水中溶氧量得不

到補給，害得魚兒們個個呼吸困難，有些甚至急得躍出水面來吸取氧氣！不過也有些魚有趨光性，厚重的冰層阻隔了日光，所以牠們也會循著光源聚集在冰孔周圍作個「日光浴」呢！

內太空探險

　　到海底探險，和在太空探險一樣緊張刺激，因此科學家們將海底探險稱為「內太空探險」。在深廣遼闊的海底世界裡，至今仍然隱藏著無限的奧祕，因此也吸引著科學家們不斷的前往探勘與開發，但海水的溫度和壓力絕對不同於陸地。通常下水十公尺左右大氣壓力就會增加一倍，因此不帶任何潛水裝備，一般人最深也只能潛到三十公尺左右，而且最多只能待兩、三分鐘。

魚的口與食物

我吃水果。

無尾熊吃樹葉。

禿鷹吃腐食。

老虎吃肉。

兔子吃素。

親愛的徒弟快告訴我，動物要生存

他們必須做什麼呢？

要填飽肚子！

吔！

終於沒答錯。

目屎！激動的流

動物要生存就必定要覓食，所以口和齒的形狀和動物的生存方式以及食物的性質都有密切的關係。

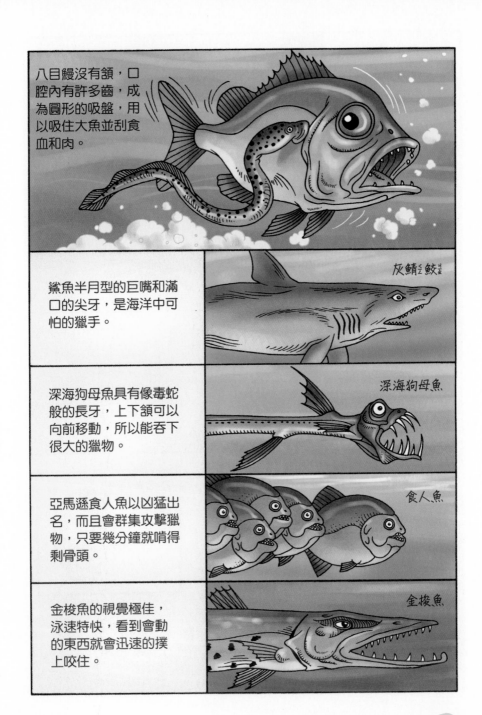

八目鰻沒有頜，口腔內有許多齒，成為圓形的吸盤，用以吸住大魚並刮食血和肉。

鯊魚半月型的巨嘴和滿口的尖牙，是海洋中可怕的獵手。

灰鯖鮫

深海狗母魚具有像毒蛇般的長牙，上下頜可以向前移動，所以能吞下很大的獵物。

深海狗母魚

亞馬遜食人魚以凶猛出名，而且會群集攻擊獵物，只要幾分鐘就啃得剩骨頭。

食人魚

金梭魚的視覺極佳，泳速特快，看到會動的東西就會迅速的撲上咬住。

金梭魚

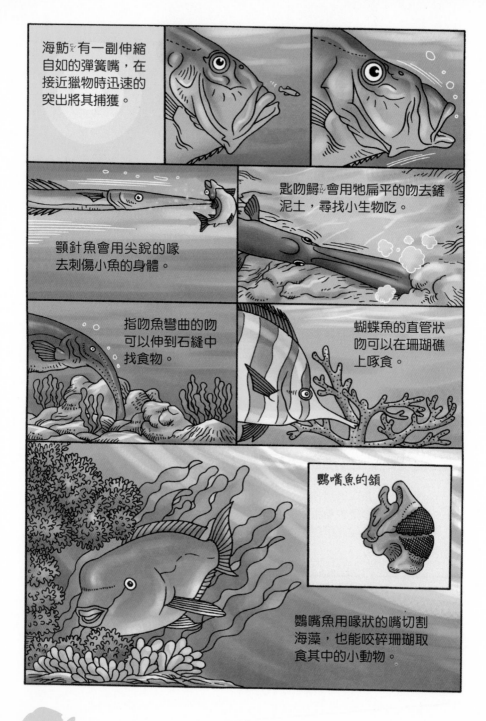

海魴ㄈㄤˊ有一副伸縮自如的彈簧嘴，在接近獵物時迅速的突出將其捕獲。

頜針魚會用尖銳的喙去刺傷小魚的身體。

匙吻鱘ㄒㄩㄣˊ會用牠扁平的吻去鏟泥土，尋找小生物吃。

指吻魚彎曲的吻可以伸到石縫中找食物。

蝴蝶魚的直管狀吻可以在珊瑚礁上啄食。

鸚嘴魚的頜

鸚嘴魚用喙狀的嘴切割海藻，也能咬碎珊瑚取食其中的小動物。

魚的皮膚

美麗的小魚兒就是我。

哼！

本姑娘的皮膚水噹噹，看得男人心慌慌！

皮膚分泌的黏液可以減少阻力。

皮膚外面包圍著各種鱗片是身體中的鈣質沉澱於真皮層的產物。

我的皮膚像鱗片嗎？

CLICK! CLICK! CLICK!

啊！原來是在說魚的皮膚。

大部分魚類的身體表面都包圍著一層透明的薄面，稱為「鱗片」。

鱗很像屋瓦一層層排列著，鱗片有如指甲，前端深入在真皮層中。

鱗片

瓦片

小不點！

大個呆！

魚類的鱗片有大有小，呈現各種形狀。

雀鱔全身覆蓋著堅硬的菱形鏈甲鱗。

鯊魚的盾鱗是一種齒狀突起物，是天然的防滑材料。

鯉魚身上的圓鱗是標準的單層鱗。

泳速遲鈍的魚為了保護自己，會用甲冑武裝起來。

身上沒有鱗片的翻車魚，魚皮像輪胎一樣富有彈性。

黏呼呼的才健康

　　常游泳的人一定知道，下水前抹上一層油脂，減少皮膚與水的摩擦，能夠使得游速加快。魚兒們全身皮膚上所附著的黏液，有著相同的功效，讓魚兒能在水中悠游自得。這層黏液同時能夠保護魚兒不受寄生物及細菌、黴菌和其他微小生物的侵蝕；當洪水或暴雨後引起水質混濁的時候，這層黏液又能使魚兒順利的進行呼吸，維持生命。如此神奇的黏液，你怎能不讚嘆造物主的神妙！？

市場上買不到活海水魚？

　　為什麼在市場上買不到活的海水魚？以常見的帶魚和黃魚來說，牠們一旦離開海水就會快速死亡，這是因為鰾內的空氣在被捉上水面的過程中，因外界壓力減少膨脹起來，甚至會超過鰾所能容納的體積而爆裂；體內部分的小血管也會破裂。那是不是放進水裡就不致死亡？帶魚和黃魚對水中的鹽度有一定的適應範圍，一旦鹽度太低會使得牠們的血液組織受到破壞，循環失調，同樣會死亡。

變色魚！

　　你見過川劇裡變臉的把戲吧？有些觀賞魚也有這等本事。牠們不但在不同的環境中有著不同的顏色，甚至能夠在短時間內不斷的改變顏色。像體色美麗的鮨魚就能夠在短暫的時間裡由黑變白，由黃變紅，再由紅變為濃綠或暗褐色，同時連身上的斑點條紋都會隨之變色。這是因為魚的真皮內和鱗片裡具有紅、黑、黃、橙等色素細胞，能夠混合組成許多顏色讓魚體色彩鮮豔。而魚體閃閃光亮的色素則是來自鳥糞嘌ㄆㄠ呤ㄌㄧㄣ的銀光細胞。

魚的年齡

魚鱗的紋路和樹木的年輪一樣，每年都會長大一圈，在春夏季節魚鱗長出的紋路較寬，而在秋冬雨季因為活動較少，所以長出的紋路比較窄小。

魚鱗的紋路

樹木的年輪

胖師父額頭上有三條紋。

如此算來，他只有三十歲！

喂！你中風啦！

呵呵！三十歲！

魚的鰭

鰭是魚類的主要特徵。

魚的鰭主要可以分為兩大類：

偶鰭包括了胸鰭和腹鰭。

奇鰭包括背鰭、臀鰭、尾鰭。

編按：魚的鰭是兩胸鰭、兩腹鰭、一尾鰭、一臀鰭、一背鰭的原則生長，書中部分
漫畫因可愛化，故略作簡化。

偶鰭的功能是在協助身
體移動並控制方向。

速行魚的胸鰭有如尖銳
的鐮刀，在轉彎時能發
揮極致的靈敏度。

相對的，速度緩慢的魚
胸鰭比較寬大，因為那
是前進的主要動力。

飛魚的胸鰭
發達成飛翔
的滑翔翼。

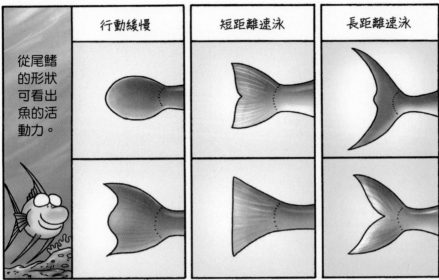

	行動緩慢	短距離速泳	長距離速泳
從尾鰭的形狀可看出魚的活動力。			

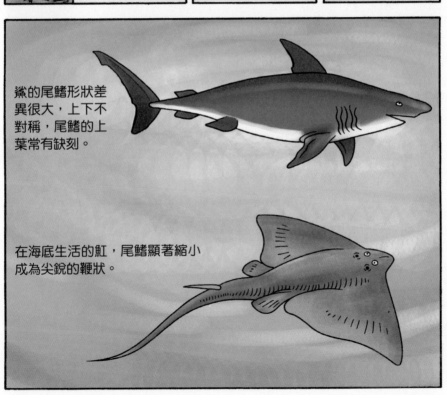

鯊的尾鰭形狀差異很大，上下不對稱，尾鰭的上葉常有缺刻。

在海底生活的魟，尾鰭顯著縮小成為尖銳的鞭狀。

用蛇行前進的鰻，尾鰭已經退化。

海馬的尾部發展成彎曲的握器。

翻車魚寬大波浪狀的尾鰭有個專有的名稱叫「橋尾」。

師父您瞧瞧！我這個算是哪一種鰭？

對不起啦！我把「臍」和「鰭」搞錯了！

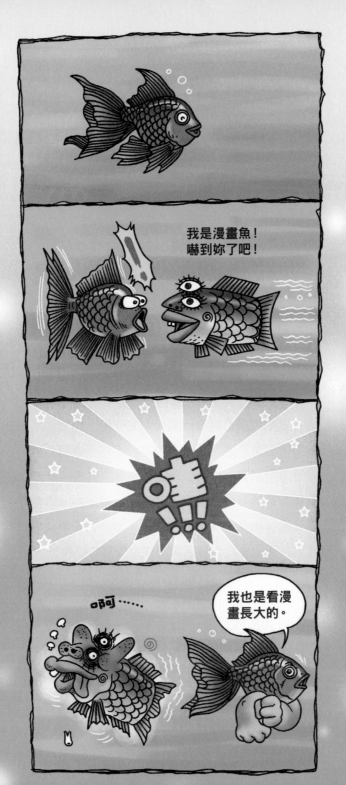

魚的年紀

　　當你觀賞一條魚時，可曾想過：這條魚兒有多大年歲了？這是一般人少有的疑問，但你知道如何去辨識魚兒的年齡嗎？通常透過魚兒身上的鱗片所形成的年輪，就可以推測出魚兒的年齡，年輪多的魚，年齡就大，年輪少，年齡就小；但有些魚兒不長鱗片的，怎麼辦呢？這時候你只好利用魚的脊椎骨、鰓蓋骨和耳石來作推測的依據囉！

魚鱗

　　任何生物的皮膚都具有保護身體的作用，魚兒也不例外。鱗是魚兒皮膚的衍生物，也具有保護功能。但有些魚兒有鱗片，有些卻沒有，這是怎麼回事呢？有些魚的鱗片非常的細，被皮膚和黏液裹住了，不仔細看根本看不出來，像黃鱔就是這樣。有些魚的鱗片確實已經退化至看不見，像鰻魚和鯰魚。不過這些無鱗魚並不會因此而比較脆弱，因為鱗片對保護魚體只是次要的結構罷了！

下魚了？？

　　天空落雨，是理所當然的，但天空「落魚」呢？在一九二八年英國某報登載過這樣的新聞：一位農民在一陣怪異的大雷雨過後，在他家的屋頂上發現許多紅色的魚，據推測，這些魚是被龍捲風自海裡捲到空中隨雨落下的。在一八九六年也曾發生過這樣的趣聞：在英國埃森地區的一場暴風雨中，降下了像雞蛋大小的冰雹，其中還挾著四十公分長的鯽魚，這說明了魚不僅可以被風吹入雲中，還可能被帶到形成冰雹的高空中去。

烏龍院魚劇場 PART2

生命誕生於水中。
和我們關係很密切而且同為脊椎動物的魚類，
在經過億萬年的演化之後，不論是任何一種魚
都有牠們各自的生存方法，真令人驚嘆生命的
奧妙。
接下來再讓我們多認識一些各式各樣的魚類。

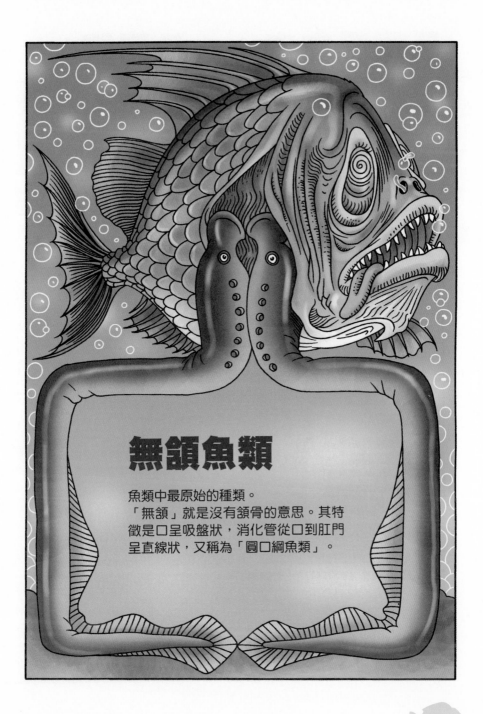

無頜魚類

魚類中最原始的種類。

「無頜」就是沒有頜骨的意思。其特徵是口呈吸盤狀，消化管從口到肛門呈直線狀，又稱為「圓口綱魚類」。

八眼吸血鬼——八目鰻

好奇怪的魚呀！

牠有八隻眼睛。

兩邊加起來有十六隻。

哇！

後面有七個是牠的鰓穴，不是眼睛。

八目鰻的幼魚叫做「砂腔鰻」，平時潛在河底泥土裡，只把頭露出來。

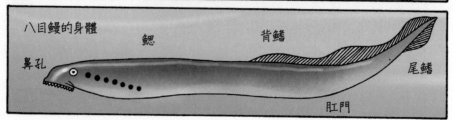

八目鰻的身體

鼻孔　鰓　背鰭　尾鰭

肛門

八目鰻沒有下巴，是屬於魚類中最古老的無頜綱。

沒有下巴怎麼吃飯呢？

難道牠只喝水嗎？

牠的口腔內有很多牙齒，成為圓形的吸盤。可以吸住大魚，刮下大魚的肉並吸食全身的血。

這裡只有一隻，你們不必害怕。

哇！師父！

古老的刮肉機——盲鰻

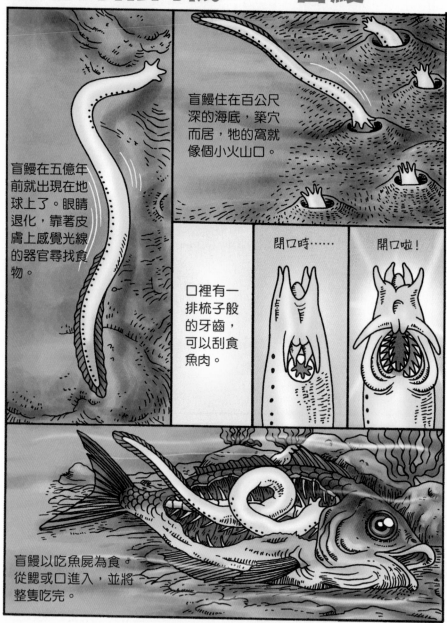

盲鰻在五億年前就出現在地球上了。眼睛退化，靠著皮膚上感覺光線的器官尋找食物。

盲鰻住在百公尺深的海底，築穴而居，牠的窩就像個小火山口。

閉口時……

開口啦！

口裡有一排梳子般的牙齒，可以刮食魚肉。

盲鰻以吃魚屍為食。從鰓或口進入，並將整隻吃完。

知道更多……

帶著吸盤趴趴走

「無頜」就是沒有頜骨的意思，又被稱為圓口魚類，這類魚口呈吸盤狀，消化管從口到肛門呈直線狀，是魚類中最原始的種類，現存代表動物為八目鰻。

八目鰻的名稱由來是因為牠的頭部兩側各有八個像眼睛般的小孔，又長得很像鰻魚。但是，這八個像眼睛的小孔，只有最前面那一對是眼睛，其他七個小孔都是鰓的開孔；而八目鰻與鰻魚科的魚類也很不一樣，牠沒有上下頜及胸鰭。八目鰻每到秋季，就會溯河而上去產卵，為了繁殖下一代，有時候可游數百哩遠，產完卵後，成魚就會死亡。八目鰻是寄生性的魚類，牠的嘴部張開時有如一個強力吸盤，裡面有百餘顆銳利無比的角質齒，可以穿透其他魚類的鱗片。牠就是利用這吸盤狀的嘴及牙齒，吸附在大魚的身上，吸食大魚的血液。吸血時，牠會分泌一種抗血素，讓大魚的血液不會凝固，源源不斷的流入口中，直到可憐的大魚失血過多而死亡。

無頜清道夫──盲鰻

雙眼已退化、被皮膚所覆蓋的盲鰻，雖與八目鰻同屬無頜魚類，但牠的口不呈吸盤狀，而是在頭部腹面成裂孔狀，裡面有左右兩列角質齒。盲鰻多半為深海底棲性魚類，皮膚具黏液，受到刺激或感受到危險時，會大量分泌，如被沾上，不易清洗。盲鰻主要在

夜間覓食，以魚的屍體為主食，通常由獵物的鰓或體壁鑽入，先刮食內臟，再刮食肌肉，最後吃個精光，只剩下皮膚及骨骼，可說是海洋食物鏈中的清道夫。

變態的魚

在動物世界裡，「變態」是一種自然現象，陸地上的蝴蝶、蛾及兩棲類的蛙，都有「變態」行為；而海魚中也有「變態」行為。由於魚類多為卵生，卵內供給胚胎發育的營養物質有限，因此不等胚體發育到完善，就破膜而出。稚魚在卵外發育的時間較長，一些較複雜的變化過程，也在卵外的水環境中進行。海魚中的八目鰻、夏威夷海鱔、鰻魚、鮟鱇、鰈魚、翻車魚和楔鮕等，都是較常發生變態行為的魚類。

有頜魚類

硬骨魚

牠們是魚類中數目和種類最多
的一群。
全身的骨骼都是由硬骨形成，
多數的種類具有鰓蓋和鰾，是
此種魚類的特徵。

陸地上的忍者魚——肺魚

現在由烏龍大師兄表演水中忍功！

開始！

咕嚕　咕嚕　咕嚕　咕嚕　咕嚕

喔！

受不了啦！

真差勁！憋不到一分鐘！

你以為我是魚嗎？

有些魚到了陸地上也是可以生存的。

082

肺魚是古老的淡水魚。約有四億五百萬年的
歷史。牠有發達的肺，而且胸鰭和腹鰭能像
腳一樣撐著身體爬行。

八至十二月的
乾旱期，肺魚
在泥土中做繭
包住身體，用
肺呼吸長達數
個月，這稱為
「夏眠」。

① ② ③ ④

現在輪到烏龍
小師弟表演了。

什麼
功？

噗噗
氣功。

可愛的泥地小凸眼——彈塗魚

我不是蜥蜴，我也不是樹蛙。

我的名字叫作彈塗魚。

我的彈跳功夫很厲害哦！

我們的胸鰭發達，在岸上可以當作前腳來爬行。

漲潮的時候爬到高處靜止不動。

退潮時到泥中找食物吃。

眼睛可以上下轉動，以便監視四周天敵。

085

知道更多……

用肺呼吸的魚

魚用鰓呼吸，是眾所周知的，但有一種魚卻是用肺呼吸，那就是肺魚。由於牠在古生代的時候，就曾在地球上大量繁殖，至今仍有少數遺族，因此也被視為「活化石」。肺魚，名副其實的有著相當發達的肺，即使沒有水也能呼吸空氣生存。其中澳洲肺魚最為原始，只有一個肺，在缺水的時候，較難生存；而在南美洲和非洲生長的肺魚，都擁有一對肺，每到乾燥期河水乾涸的時候，聰明的肺魚會在泥土中，造繭包住身體，並且用嘴巴吸入空氣、也就是用肺呼吸的方式，生存幾個月，這就叫做「夏眠」。肺魚的起源甚早，大約是在四億五百萬年前，所以牠的進化過程與其他魚類相比，是較為獨特的，幾乎接近兩棲類。就和牠的名字一樣奇特，肺魚的胸鰭和腹鰭有骨骼支撐，在水中能像腳一樣支撐著身體，緩緩爬行。

肺魚是因為鰓演進成肺，所以可呼吸空氣中的氧，那麼攀鱸和鬥魚牠們又是怎麼辦到的呢？攀鱸又叫攀木魚，是因為牠能攀爬樹木而得名的，牠的呼吸器，是長在鰓上方的一個構造複雜又布滿血管的器官，叫做「迷器」，靠著這個迷器使得攀鱸能順利在空氣中呼吸；美麗的鬥魚雖不能離開水，但卻經常游到水面，張開嘴大口吞嚥空氣，因為牠的鰓上也長了一個類似迷器的東西可供牠呼吸空氣。

可愛凸眼跳跳魚——彈塗魚

在一般人印象裡，魚是不能離開水生活的，但是，有一種可愛的凸眼跳跳魚，卻生活在海陸交接的泥灘地上，退潮時可見牠們在泥灘地上爬行、彈跳，可說是兩棲魚類，牠們就是彈塗魚。為了適應泥灘地陸域及水域的環境，牠們發展出可以儲存水的鰓腔，讓水通過鰓，來獲得氧氣。不過，牠們一段時間就必須回到水裡，吸入新鮮的水，所以，牠們也不能離水太遠。

彈塗魚那雙長在頭頂上凸出的大眼睛，可以各自分開移動，獲得更廣的視野；牠們擁有強而有力的胸鰭，可以在泥灘地上爬行，加上尾巴的輔助，還可以做跳躍的動作。但是，回到水中，牠們又跟其他魚類一樣，可以正常游動，非常特別。

強頜殺手團──亞馬遜食人魚

食人魚的頷骨極為強壯，加上尖牙利齒，是可怕的食肉類魚類。

平時吃小魚，但遇到有陸上動物落水時，牠們會群體攻擊目標。

食人魚的頭骨

在數分鐘之內能把獵物啃得只剩骨頭。

你們放心！河裡沒有食人魚。

但是保密費一人五百。

喂！你比食人魚還狠嘛！

禁止游泳　違者送醫

管理員

海底死亡陷阱——鮟鱇

咦?那是什麼?

是誰把鍋子丟到海裡?

太沒公德心了。

哇!原來是鮟鱇!

鮟鱇生活在百公尺溫暖的海底,頭很大,有如一柄煎鍋。

牠不太會游泳,但是胸鰭發達,可以在海底爬行。

編按:魚背鰭前端只演化出一根釣餌,其他為皮褶,是擬態的偽裝。

背鰭最前面的刺有如伸長的釣竿，引誘好奇的魚前來。

等魚接近後用牠的巨嘴一口吞下！

長相詭異的鮟鱇小時候也是很可愛的，我們來看看牠成長的四個變態過程。

① ② ③ ④

鮟鱇捕魚法。

喂！你不可以仿冒專利！

?

落葉歸根思鄉路——鮭

爭名奪利的
江湖叢林。

殺

嘖
！

人老劍鈍，
還是退隱江
湖保命吧！

哇！我也混
不下去啦！

封

回家囉！

鮭的故鄉在寒冷的
北國河川上游。

迴游在海洋上的鮭具有
為了產卵而回到出生地
的回歸性。

每年到了九月份，成群的鮭魚開始集結從海中游向河川。

遇到了障礙也會拚命的躍過。

千辛萬苦的回到了出生地之後，雌雄鮭魚會在河床上挖穴產卵，完成孕育下一代的使命。

爹，娘，孩兒回來了。

混不下去才想到我們！

不孝子。

汪汪汪

滑溜溜的迴游魚——鰻

你確定河裡能抓到蝦嗎？

我摸到了……

哇!!!
蛇啊!

我怕怕!

遜!
那是一條鰻魚!

呆人類!
蛇鰻不分!

鰻有著圓筒形的身體，腹鰭、背鰭、尾鰭連成一條帶狀鰭。鰻是夜行性的魚，白天隱藏在石縫中，晚上出來覓食。

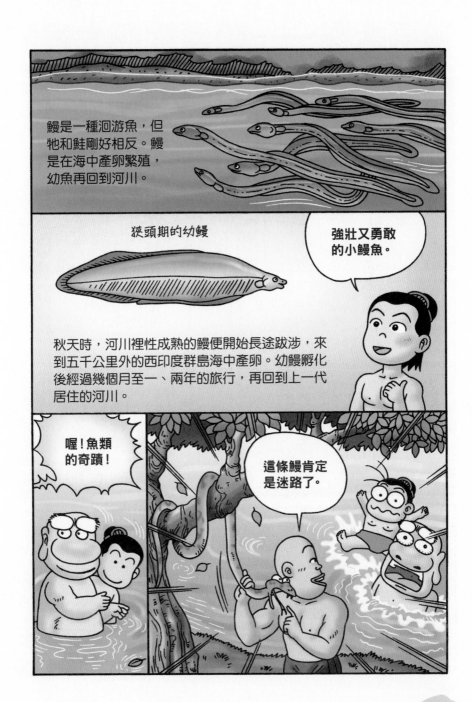

鰻是一種洄游魚，但牠和鮭剛好相反。鰻是在海中產卵繁殖，幼魚再回到河川。

狹頭期的幼鰻

強壯又勇敢的小鰻魚。

秋天時，河川裡性成熟的鰻便開始長途跋涉，來到五千公里外的西印度群島海中產卵。幼鰻孵化後經過幾個月至一、兩年的旅行，再回到上一代居住的河川。

喔！魚類的奇蹟！

這條鰻肯定是迷路了。

海底大胃——咽囊鰻和大喉鰻

肚子餓扁了!

咕嚕咕嚕

好吃的菜來囉!

師兄你少吹牛啦!

我肚子餓得可以吃下一條牛!

在深海裡的魚,可以吃下比牠更大型的動物。

!

在深海裡食物來源很缺乏,這種儲存性的吃法是有必要的。

咽囊鰻有個像氣球般膨脹的大胃，能吞進比自己更大型的魚。

大喉鰻沒有很大的胃，因此以漏斗狀的大口來蒐集小獵物。

好啦！你們別聊啦！

快點吃飯吧！

這老傢伙一定是咽囊鰻投胎的！

哇！菜全被吃光啦！

呃！

泥巴中的忍者──泥鰍

泥鰍生活在富有泥土的池塘或河川中，有潛入泥中的習性。除了用鰓呼吸還會做腸呼吸。

泥鰍將頭伸出水面吸空氣送到腸內，在腸內吸收氧氣，由肛門排出。反覆的往返於水底與水面之間，以維持足夠的氧氣，所以泥鰍在惡劣的環境中也能生存。

想不到大師兄的學問這麼豐富！

嘿嘿！這叫作天才有慧根，真人不露相！

少臭美了！因為上次你養泥鰍被我罵才知道的！

快去放生吧！別虐待牠們了。

吹牛大王！

食人魚真的會吃人嗎？

說到食人魚，你的第一印象是什麼？可以在數分鐘內將人或者牛啃食成白骨？很凶猛？其實，「食人」魚雖偶爾會攻擊人類（通常是因為人類侵犯魚群、或人類常常將魚內臟或牛雜拋入水中的魚灣附近），但從未有食人魚咬死過人的紀錄。甚至在最新的研究報告指出，食人魚其實是膽小的魚類，牠們通常是在群體合作下，完成獵食，也就是說牠們只是靠團體行動來壯大自己而已。

深海裡發光的魚

在水深七百五十公尺的海底世界，完全一片黑暗，沒有一線光亮，卻可見閃閃發亮的星光？這閃爍晶瑩的美麗亮光，可是來自魚哦！原來深海中的魚，體內都分布著發光器，透過發光器的腺體或共生的發光細菌，分泌一種含有磷質的黏液，在氧化酶的作用下，磷氧化而放出光亮。在黑暗的海底，魚就是靠著發光器辨識敵友，也利於誘捕食餌，真是一舉兩得。蓬萊狗母是深海魚類中相當具代表性的一種。牠的身體上有一百多個發光器，方便在黑暗的深海中引誘獵物。蓬萊狗母有著一張大嘴及滿口長牙，胃就像橡皮具有彈性，一口氣能吞下和牠身體等長（二十五公分）的獵物。

魚類的迴游現象

　　每年冬天時，總有大批候鳥南移，待春天來臨時，候鳥就又慢慢的往北飛遷，這種隨著季節遷移的現象，也發生在水裡，那就是魚類的迴游。就像蒙古人世代沿襲的遊牧生活一樣，魚兒們的迴游現象，也是經過許多世紀一代一代傳承下來的，並且存在魚兒的遺傳基因內，成為魚的本能。有些魚在幼年期就開始和成魚一起迴游，而能熟悉迴游的路線。但像鮭魚和銀魚，一生只作一次迴游，當產卵期向一定水域作產卵迴游，產卵後就死亡了，因此下一次的迴游是由牠們的下一代繼續進行，這說明了遺傳因子的作用。

魚道

　　在許多水壩的岸邊，左右各有一條長年流通的水道，有的是傾斜的，有的是階梯形的，這叫做「魚道」或叫「魚梯」。原來，這是保護淡水魚類資源的重要措施，因為有的魚平常住在海裡，但到了產卵繁殖的時候，就要游進淡水江湖，找到合適的環境才能產卵，如：鮭魚，因此攔河而建的水壩若不為牠們預留一條水道，等於阻礙了魚兒們的繁衍。任何生命都必須受到尊重，人有人行道可走，魚兒當然也要有專屬的魚道囉！

鮭魚怎麼找到回家的路？

在魚的世界裡，鮭魚算是相當愛家的乖寶寶，即便是游蕩到浩瀚無際的大海裡，也會想盡辦法回到牠所出生的河川。但是茫茫川流，鮭魚們是怎麼回到原點的呢？有兩種說法：一是「嗅覺回歸說」，也就是憑藉著對出生時的河流味道的記憶去尋覓；另一則是「太陽指針說」，也就是依著時刻和太陽的位置來辨別回家的方向。當然這也只是人的推測，事實真相只有天知、海知、鮭魚知囉！

山芋變鰻魚？

臺灣的鰻魚養殖業已算是相當發達的，但仍不敷食用，仍需自國外進口；日本人對鰻魚更是情有獨鍾，因此日本成了外銷鰻魚的最大市場。由於鰻魚的皮膚會呼吸，所以每到夜晚或是大雨過後，鰻魚（鱸鰻）常會爬到地面上來，因此自古就有這樣的傳說：「鰻自泥生」或「山芋變鰻魚」。

田邊捉泥鰍

為什麼在農田水溝裡會有魚兒呢？原來大多數的淡水魚都有頂水的習慣，每當雨季來臨，牠們都會迎著水溝出水口的急流，溯

流而上進入田野間;而像泥鰍、黃鱔這些擅長打洞的淡水魚兒,更是輕而易舉的進入田間。無怪乎田邊可以捉泥鰍囉!

　　凡有泥鰍生活的水溝、小河,水面上就會冒泡泡,你知道是為什麼嗎?原來是泥鰍正在用牠的腸子呼吸呢!泥鰍的腸子和一般魚腸子不同,牠的腸子把食道和肛門通連在一起,形成一條直管,上面布滿毛細血管;當牠感到水中缺氧時,就把嘴冒出水面狠狠的吸進一口氣後,立刻鑽到水底,空氣被吞進腸子裡,腸壁上的血管吸取了其中的氧,剩下的氣體像放屁一樣由肛門排到水裡,這就是氣泡的由來。

地震魚?

　　在黑暗的水裡,眼睛都不管用的時候,鯰魚是靠著什麼來前行,並四處搜尋獵物呢?靠的就是鯰魚嘴角邊長長的鬍鬚。鯰魚具有威佛氏器官,對聲音非常敏感。自古就被認為與地震有密切的關係。每在地震來臨前,鯰魚群就會騷動不安,因此有人推想,鯰魚能預知地震前低頻波的變化,所以是否能利用鯰魚做地震預測器,各方都還在研究中。即便人腦勝過魚腦,少了魚兒那份敏銳度,還是比魚兒略遜一籌,當天然災害降臨時,事實上,動物們都比人類更早預知,畢竟和動物相比較,人類還算是地球的新生兒呢!

躲貓貓的淘氣鬼——隱魚

吱！

哇！
有老鼠！

最近廚房老鼠真多！

難怪好多東西都被偷吃了！

咦？這耗子還真會躲！

這隻老鼠會隱身術嗎？

提到隱身術，你知道有一種會隱身的魚嗎？

哦！我想起來了，那是一種寄生性的小魚。

身體細長，左右扁平，寄生在別的動物體內，
產卵和覓食時，才到外面。

隱魚

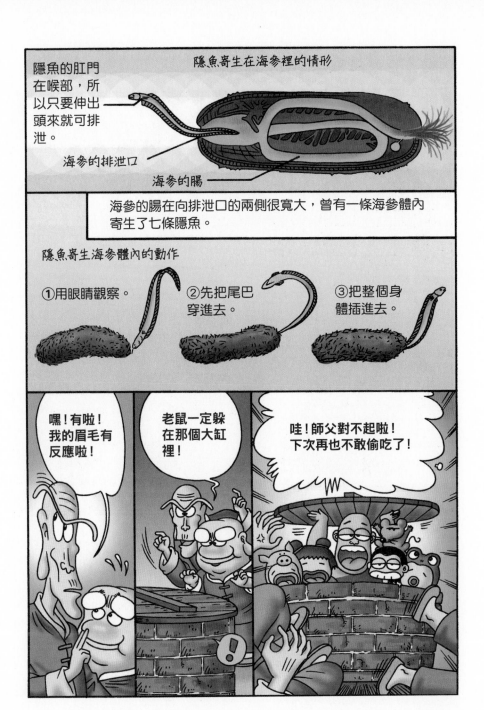

隱魚寄生在海參裡的情形

隱魚的肛門在喉部，所以只要伸出頭來就可排泄。

海參的排泄口

海參的腸

海參的腸在向排泄口的兩側很寬大，曾有一條海參體內寄生了七條隱魚。

隱魚寄生海參體內的動作

①用眼睛觀察。

②先把尾巴穿進去。

③把整個身體插進去。

嘿！有啦！我的眉毛有反應啦！

老鼠一定躲在那個大缸裡！

哇！師父對不起啦！下次再也不敢偷吃了！

第一名的服務生——清潔魚

在大海裡有一種名叫「正雙彩鸚鯛」的小魚，牠們會毫不在乎的接近大魚，清理大魚口中或鰓內的寄生蟲，所以正雙彩鸚鯛有「清潔魚」的稱呼。

下頷形狀非常特殊，吻部突出，適合捕捉寄生在皮膚內的甲殼類。

大魚不但不會傷害牠們，而且還會主動接近牠們。待清潔的魚還會故意接近正雙彩鸚鯛的聚集點，形成類似清潔站的功能。

真慚愧，我們知錯了。

我們要和小魚學習。

知過能改，善莫大焉！

我幫你掏耳朵！

我為您挖鼻孔！

107

七海流浪漢——鮣ㄅ魚

我們是遨遊四海的旅行家。

我們吸附在大魚的腹部，隨著牠到處游動，也吃牠們剩下的食物碎片。

鯨魚是最穩的大客輪。

你們真是一群偷懶的小魚。

我們偶爾會搭乘特慢車。

有時候也會坐上特快車，雖然機會非常少。

哇！我暈車啦！

因為頭上有強力吸盤，所以不會從大魚身上滑落。

可是我們絕對不會傷害大魚的。

正面圖

長印魚的吸盤

我們取食時，就離開大魚，但不會太遠。

謝謝您！

再見！

吃飽了，就再回去或另找一條附生！

哇，怎麼會選上大白鯊！

完蛋！搭上賊船啦！

海葵裡的房客——小丑魚

海葵觸手上的刺細胞可以使魚麻痺，然後再將魚吞入腹中，所以魚類都不敢接近。

為什麼小丑魚不怕海葵呢？

小丑魚和海葵是一種特殊的共生關係，海葵提供了一個安全的庇護場給小丑魚。

牠的體外黏液比一般魚類厚得多。

小丑魚也會把食物帶回到海葵裡，將吃剩的食物分給海葵吃。

也分給我吃一些吧！

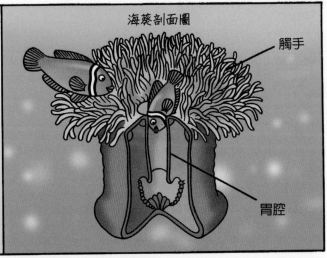

海葵剖面圖

觸手

胃腔

小丑魚也會充當誘餌，引來其他的魚類，成為海葵的美食。所以兩者之間發展出一種和諧共生的關係。

小狗身上的跳蚤也是共生嗎？

跳蚤是害蟲，會傳播病菌的！

快點洗乾淨！

癢死啦！

好癢！

癢！

哇！我又不是海葵！

知道更多……

可怕的寄生蟲

在多數的海水或淡水魚的身上或體內，都有各種各類的寄生蟲，像專吸魚血的鯉虱、吸蟲、條蟲、水蚤和線蟲等等，這類「魚的寄生蟲」並不會對人類有害。但有些「以魚做中間宿主的人類寄生蟲」可就要小心了！這類寄生在魚兒體內、身上的小生物，也許對魚兒並無大害，但若吃進人體之後，其後果就不堪設想，像鱈魚身上的小線蟲就會令饕客們怯步；而擬獸尾蟲一旦進入人體會引起嚴重的貧血。愛吃生魚片的人可得多留意才是。

免費的旅行家──鮣魚

印頭魚也就是鮣魚，常利用頭頂的印子強力吸著鯊魚、鯨、海豚和海龜的腹面，有時吸在木船底下，如此一來不但避開了敵魚的攻擊，甚至可以毫不費力的周遊列國，享受豐盛美食，因此有人叫牠作「免費的旅行家」。

互利共生

　　大自然的生物食鏈裡，弱肉強食，適者生存，是最殘酷也最不可避免的，而在看似平靜的美麗海洋裡，更是隱藏著無限的危機，小魚兒們永遠是大魚的攻擊目標，為求自保，小魚們只好互利共生，像顆粒螯槍蝦常在沙地上掘洞，作為隱身之處，好眼力的日本體蝦虎就為牠把風，一旦發現敵人來襲，日本體蝦虎就會立刻擺尾鰭警告顆粒螯槍蝦，然後一起鑽進洞穴中躲起來，以免慘遭攻擊。

　　而常見的「互利共生」例子是：小丑魚和海葵。小丑魚會藉著海葵作為避難的場所，而海葵則會利用小丑魚來引誘其他小魚靠近而捕食，偶爾小丑魚的食物殘屑會給海葵吃、或替海葵啄掉有病的觸手。在茫茫大海中有一個友伴相依靠，也是件不錯的事情，對嗎？

改變眼睛構造的適存者——四眼魚和洞窟魚

字體愈來愈模糊看不清楚了。

哎呀！一定是近視了！

快成四眼田雞啦！

哇！都是看書看壞的！

別把責任推到書本上！

我戴眼鏡一定很醜！

你不戴眼鏡更糟糕！

自然界裡，有些動物會依環境的需要而改變眼睛的構造。

魚類裡四眼魚的眼睛分為上半部和下半部，乍看之下好像有四隻眼睛。

水上用
水面
水下用

四眼魚在水面上活動時用上半部的眼睛監視水上的情形，並用下半部監視水下的狀況。

洞窟魚生存在地下黑暗的洞窟中，眼睛退化為無視力，靠著水波震動辨別方向。

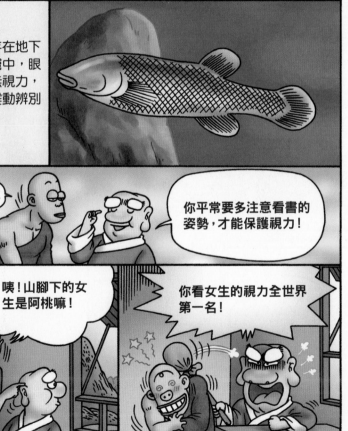

你平常要多注意看書的姿勢，才能保護視力！

咦！山腳下的女生是阿桃嘛！

你看女生的視力全世界第一名！

不均衡的怪東西——鰈魚

鰈魚小時候還很正常，但長大後眼睛會擠到同一邊。

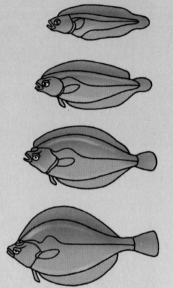

鰈魚的體型很扁，兩個眼睛在同一個方向，在所有脊椎動物中，身體左右完全不平衡的就只有鰈魚和鮃_{ㄆㄧㄥˊ}魚（比目魚）。

你瞧師兄的樣子，像不像鰈魚？

看到美姑娘，兩眼都擠到一邊去了！

117

七十二變的大傢伙——翻車魚

翻車魚

圖①到圖③稱為「臼鰭期」。剛孵化出的稚魚有尾鰭，體型和一般魚類相似，但漸漸的全身長出像刺一般的東西，幫助小魚在大洋中漂浮及禦敵，尾鰭也逐漸消失了，最後才變成翻車魚的樣子！

① ② ③ ④成魚

上圖顯示出翻車魚在成長過程中體型明顯的變化。

哇！這裡有一隻變型的小雞。

變你的大頭！

連雞鴨都分不出來嗎？

呱

呱

致命的吸引力——河魨

河魨有個圓滾滾的身體。

空氣使腹部膨脹起來。遇到敵害時，會吸入水和

河魨的肉和皮沒有毒，但是肝臟、腸、生殖腺含有劇毒。

肉味雖然鮮美，若食用不慎，會在六至二十四小時內中毒死亡。

老公，喝碗海鮮湯補一補！

這叫「一朝被蛇咬，十年怕草繩。」

不要！

不要！

倒立大王──花斑皮剝魨

師兄！你看我的倒立功夫！

雕蟲小技，一隻手你會嗎？

你太自大囉！單手就了不起嗎？

哇！還是胖師父厲害！

用鼻子倒立真是天下第一。

有一種魚也會做倒立比賽。

這種魚叫作花斑皮剝魨，牠們相遇時會比賽倒立，維持時間最久的一方，就是勝利者。

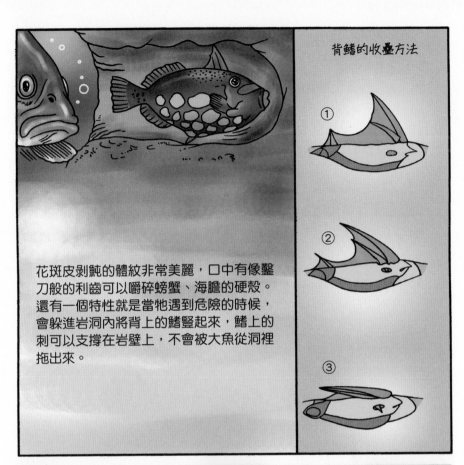

背鰭的收疊方法

① ② ③

花斑皮剝魨的體紋非常美麗，口中有像鑿刀般的利齒可以嚼碎螃蟹、海膽的硬殼。還有一個特性就是當牠遇到危險的時候，會躲進岩洞內將背上的鰭豎起來，鰭上的刺可以支撐在岩壁上，不會被大魚從洞裡拖出來。

你們剛才在談論倒立比賽嗎？

為什麼都沒人找我比呢？

知道更多……

雌雄同體的魚

　　雌雄同體的魚，往往有兩種生殖腺，可能一邊是雌的，另一邊是雄的。通常這種雌雄同體的魚也是異體受精，就是自己排的卵子和別人排的精子相結合而繁殖出下一代，鱈魚、緋魚、鰈魚都是這類魚；鯖魚的雌雄同體現象是在雄魚精巢中可以看到卵子的存在。在低等動物中，這種雌雄同體的現象更多。

網具深度測算器——比目魚

　　比目魚是鰈形目魚類的統稱，是呈橢圓形扁平深海魚類。許多人對比目魚的怪模樣留有深刻印象，牠的眼睛長在同一邊，身體特別扁，兩邊又不對稱，害得古人誤以為這種魚是兩條魚緊緊相連的悠游水中，於是詠以「鳳凰雙棲魚比目」。由於比目魚長期在海底生活，聰明的漁人就以牠來作為測量網具施放深度的標的，因此，比目魚成了漁人們天然的「網具深度測算器」了！

愛晒太陽的翻車魚

外觀呈橢圓形扁平狀的翻車魚，沒有腹鰭，但背鰭和臀鰭發達，尾鰭退化沒有尾柄，身體呈銀灰色，在各國有不同的稱呼。在臺灣，因為漁民常常看見牠翻躺在水面上晒太陽，就像翻車了一樣，便稱牠為翻車魚；因為牠的肉質鮮嫩，又有干貝魚的美名；每次漁民捕捉到牠，那圓圓軟軟的身體像極了一塊「紅龜粿」，因此又被稱為粿魚。在日本，因為牠在海裡游泳的樣子，就好像跳曼波舞一樣，因此稱牠為曼波魚。在美國，因為牠喜歡側躺在海面晒太陽，就像海中的太陽，因此被稱為太陽魚；在法國，則因牠身體周圍常常附著許多發光動物，當牠游動時，身上的發光動物便會發出亮光，遠看就像一輪明月，讓浪漫的法國人稱牠為「月亮魚」。在德國，因為牠圓圓扁扁的身體、沒有像一般魚一樣的尾鰭，就像一顆可愛的頭，因此被稱為游泳的頭。

翻車魚主要分布在溫帶及熱帶海域，以水母為主食，經常浮到水面晒太陽；因為牠略顯笨拙又不擅長游泳，因此，常常被其他魚類吃掉，之所以不致滅絕是因為牠強大的生殖能力：一隻雌魚一次可以產下兩千五百萬到三億個卵（雖然存活率僅有百萬分之一）。但是，翻車魚的生存近年卻受到威脅。

知道更多……

有鑑於屏東黑鮪魚季創造了龐大的商機，其他縣市也紛紛效法，因此順著黑潮洄游到花蓮的翻車魚，便成為花蓮觀光漁業首推的明星，在二〇〇二年，花蓮便舉辦了一場「翻車魚盛宴」活動，後來，因為認為「翻車」名稱不吉利，所以又舉辦了「為翻車魚更名、徵名」活動，最後由「曼波魚」這個名稱，高票當選。一到曼波魚季，大量曼波魚被捕殺，不僅威脅到曼波魚的生存，因為曼波魚會吃水母，也間接讓臺灣東北海域的水母數量明顯增加，常傳出民眾被螫傷的事件。在發展經濟的同時，或許我們也該想想怎樣和這些海洋生物互利共榮才是！

最毒河魨心！

大家都知道河魨有劇毒，卻又都抵擋不住河魨魚肉鮮美的誘惑。難道河魨肉真已美味到令人視死如歸的地步嗎？以分布在臺灣北部、東部或西部及澎湖海域的栗色河魨來說，牠所含的毒素，毒性比氰化鈉劇毒要大上一千倍！不過這毒素都藏在河魨的內臟裡，像卵巢、肝臟、血液、腸道、鰓……都含有強度不等的毒素，只要在有執照的師傅切剖烹煮時，不要將毒素沾染到魨肉，那麼就可以放心食用了！

遇敵，秒變氣球！

當河魨被捕上岸時，牠的腹部會鼓得圓圓的，這是什麼原因呢？原來河魨的胃是一個可擴大的囊，當河魨遇敵時，牠會使胃部裝滿水或空氣，這是河魨自我保護的一種方法，可以防止敵方的吞食或咬傷，因為當牠膨脹起來時，偶爾可以矇騙敵人，而乘機逃脫。

水中暴走族——鬼頭刀

鬼頭刀是種分布在溫暖地區的洄游魚類，牠們喜歡躍出水面，追逐飛魚、青花魚等，並且有聚集在流木或船隻等漂浮物體陰影下的習性，牠們的體色極美，但是死後馬上就褪色！

鬼頭刀於春夏時候在日本產卵，同種魚類之間有時會打架。

鬼頭刀的成魚雄的有額頭（左），雌的則無（右）。

嘿嘿嘿嘿嘿……

你們中國人有這種東洋鬼頭刀嗎?

鬼頭鬼腦的人做的刀,叫做「鬼頭刀」。

呆頭呆腦的人做的刀叫「呆頭刀」。

讓你們見識一下鬼頭刀削鐵如泥的威力!

哇

哈哈哈,鬼頭刀變成無頭刀了!

海洋的飛行員——飛魚

飛魚有著強健的胸鰭和尾鰭，受到驚嚇時會加速的由水裡衝向空中。

牠在空中運行的樣子很像一架滑翔機。一口氣可在海面滑行一百多公尺。

飛魚利用尾鰭的擺動加速，彈到空中，再展開胸鰭滑翔，這就是牠運行的基本動作。

魚族裡的神槍手——射水魚

射水魚自幼就能噴水，隨著年齡的成長，射水的速度和距離也會跟著進步，一隻成長後的射水魚可將在一、兩公尺遠的食物射落。

射水魚身體的構造很適合噴水襲擊獵物。當射水時嘴尖而突出水面，閉上鰓蓋，呈筒狀的舌頭可加速射水，而且可以連續射擊。

你想學習射水箭，為師可以指導你兩招！

承蒙師父栽培！

徒兒一定勤學苦練！

噗

噗

噗

別偷懶！每一盆來回噴一百次！

捍衛戰士——鬥魚

鬥魚

① 繁殖期一到，雄性鬥
魚會變得很豔麗，常
繞著雌性鬥魚舞蹈。

② 雄魚接近雌魚，並把
雌魚身體倒轉，使其
腹部朝上，雄魚貼在
雌魚下方，各排出精
卵。

③ 當卵產入水裡時，雄
魚會立刻銜在嘴裡，
送回巢中。

你耍賴！

哎呀！他們打
起來了！

你作弊！

人類為了私欲而爭
鬥，真是連小魚都
不如呀！

公然聚賭，
通通抓起來！

盡責的奶媽——圓盤慈鯛

阿牛嫂，妳又生個兒子啦！

對呀！這是第十個了。

再生兩個就一打了！

你別亂講話！

生孩子容易，但是養育是很辛苦的喔！

圓盤慈鯛對自己的卵和幼魚，照顧得非常細心，產卵前會先把葉面清潔一番。

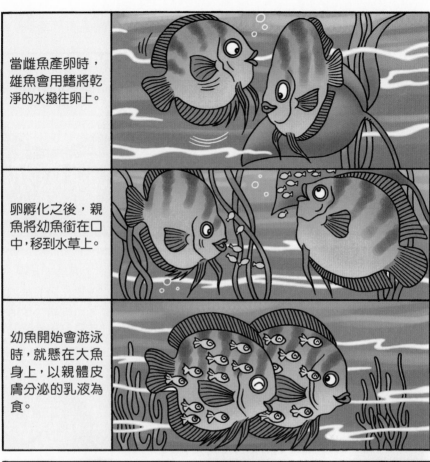

當雌魚產卵時，雄魚會用鰭將乾淨的水撥往卵上。

卵孵化之後，親魚將幼魚銜在口中，移到水草上。

幼魚開始會游泳時，就懸在大魚身上，以親體皮膚分泌的乳液為食。

吵死啦！錢已經用光了！

我快被你們吃垮啦！

沒有家庭計劃，大家傷腦筋！

爸！

爸！

爸！

無蹄騎士奶爸——海龍、海馬

這兩種魚類都生活在淺海中。

群居在海藻繁茂的地方。

牠們和普通的魚類不同，口部很小，位於長管狀吻部的前端。

海龍魚的雌魚將卵存放在雄魚腹部的育兒囊中，雄魚把卵孵化後放出稚魚。

海龍

自己會游泳的小海龍魚

雄海龍魚的育兒囊

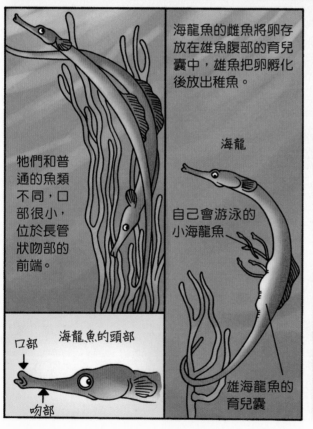

海龍魚的頭部

口部

吻部

海馬的身體

海馬是海龍魚的同類，因鰭不發達，所以游泳時的姿勢非常怪異。

胸鰭

鰓蓋

背鰭

臀鰭

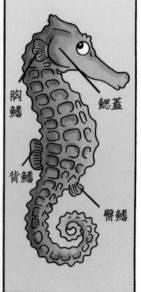

牠們游泳是用背鰭擺動前進的。

真的好像騎士一樣。

小海馬也是由雄海馬的育兒囊中孵化出來的。

哈哈！好可愛的小海馬。

這麼說來公馬也有育兒囊囉！

哎唷喂！此馬非彼馬！

知道更多……

捕食飛魚的老虎——鬼頭刀

聽到鬼頭刀這個名稱，你是否背脊發涼，直覺地是個凶惡的狠腳色？沒錯！牠還有另一個飛魚虎的稱號，顧名思義，牠是海上捕食飛魚的老虎，是泳技一流海面殺手！鬼頭刀分布於各大洋的溫暖水域，雄性頭額凸起，身形扁長，體色呈帶金屬光澤的綠褐色，有青黃色星點，像極一把出鞘的七星大刀。除飛魚外，鯖魚、沙丁魚亦為鬼頭刀主要餌食。每年三月隨著蘭嶼飛魚季開始，成功漁港和蘇澳漁港的船家也蓄勢待發，因為，鬼頭刀必定隨後報到。

每年二至三月，是飛魚和鬼頭刀的產卵季節，所以在牠們小時候可以說是一起長大的。但是，因為鬼頭刀的成長速度快，成長後的體型大，游速快、力氣大，因此牠小時候的玩伴，便成為牠們滿足口欲的佳餚了。

水上「飛」的魚

魚兒在水中游，是我們熟悉的自然定律。但有些魚兒卻不只在水中游，還能在水面上做短暫的滑翔，那就是飛魚。為了逃避大魚的捕食，飛魚練就了一身飛功。就像飛機飛行前的滑行，飛魚先在水中快速游泳，而後衝出水面、張開胸鰭在空中滑翔。飛魚的滑翔速度是每小時四十公里；距離水面可達兩公尺多及二、三百公尺遠，是相當不錯的「飛行紀錄」呢！

射水魚

有些魚兒不僅能夠看到水中的景象，甚至連水面上的動靜牠都能望穿。射水魚就是其中的一種，牠對棲息在岸邊植物上的昆蟲和蒼蠅特別感興趣；一旦發現了蒼蠅等獵物，牠會先調整水中折射光線的差距，瞄準獵物的蹤跡，噴出一道水來把獵物沖到水裡，任何昆蟲一旦落入水中，就成了射水魚的腹中物！比起陸上神射手，可一點也不遜色呢！

鬥魚真的好鬥嗎？

鬥魚真的是逞凶鬥狠、好鬥的魚類嗎？實際上，鬥魚相較於許多魚類，還算是溫和的！牠只跟同類為爭地盤打架，遇到別種魚，反而可能被咬得遍體鱗傷，尤其是那漂亮的大片尾鰭，雖然深具觀賞價值，但打起架來，不但造成游速緩慢，更成為對手最佳攻擊目標。鬥魚皆原產自亞洲，現多作為觀賞魚。其中臺灣原產的蓋斑鬥魚，眼後到鰓蓋會有黑色紋路，在鰓蓋上會有一個黑色圓形斑點，是最明顯的特徵。雄魚體色較為鮮豔，體形較大。在繁殖期，雄性的腹鰭、背鰭、尾鰭會一直延長，身上也會出現紅藍相間的光澤，更會為了爭地盤而變得充滿鬥性。此時，雄魚還會在水面上吐泡泡，築成一個泡泡巢，讓雌魚在交配時產卵用。自九〇年代後，由於環境汙染、過度開發、濫用農藥等因素，加上外來種蓋斑鬥魚的

知道更多……

混種，使臺灣純種的蓋斑鬥魚數量銳減，還一度被列為珍貴稀有保育類野生動物。幸而，有賴各方努力保護環境與人工飼育，才讓臺灣純種鬥魚沒有立即瀕臨絕種的危機，而脫離保育類動物之列。

臺灣是珊瑚礁魚類的天堂也是地獄

臺灣的南端及處黑潮主流的蘭嶼、綠島，許多熱帶魚類的仔稚魚都漂流到這裡定居。因此也使得這些地方的珊瑚礁魚類得天獨厚，享有與世界著名的澳洲大堡礁相媲美的海底魚類景觀資源。而最南端的鵝鑾鼻向東到加洛水，向西北經南灣、貓鼻頭到萬里桐、後灣里整片屬於墾丁國家公園海域，則是臺灣珊瑚礁魚類的精華所在。然而這些原本是魚兒天堂的海域，多年來在非法炸魚及過度撈捕的危害下，魚種已大量減少！

在臺灣海域裡將近一千種的珊瑚礁魚類中，有六十％至七十％都是屬於稀有的魚類，就因為稀有，而成為寵物族爭相搜購的對象。但由於種類繁多，至今仍無法將之立法保護，當然牠們就無法享受到像櫻花鉤吻鮭、高身鯝魚那樣被列為「國寶」級而備受呵護的待遇囉！

是魚不是馬！

海馬，這外形像馬，又有個馬名字的傢伙究竟算不算是魚呢？答案是肯定的，海馬百分之百是魚類。海馬約有三十二種，分布在北緯三十度與南緯三十度之間的熱帶和亞熱帶沿岸淺水海域。然而大多數品種在大西洋西部和西太平洋出沒。海馬由於外型特殊是水族館內相當受歡迎的魚類。牠更是一種經濟價值較高的中藥，除了主要用於製造各種合成藥品外，還可以直接服用健體治病。

模範父親──海龍

海龍魚是一種相當特殊的魚，牠的雄魚都具有育兒囊。這個育兒囊是海龍魚腹部皮膚發達成袋狀皺褶所形成的，小魚卵就是養育在這袋內。通常一條二十五公分長的海龍可以孵育八百至九百條的稚魚，待稚魚長至一公分長的時候，雄魚便把牠們一一放出來！雄海馬也和雄海龍一樣，肩負了這個神聖的使命，不過身長僅八公分的海馬僅能容下二百條稚魚，而且將稚魚放出時，雄海馬可得花上好幾天的時間呢！

我是琵琶鮫，不是水餃！

別惹我！我是少林功夫魚。

報上名來！

這位怪頭兄叫鎚鮫。

我是稀有的鏟角鮫。

有頜魚類

軟骨魚

有四億年歷史的鮫和魟，牠們的骨骼是軟骨。

口和鼻在頭的腹面。卵胎生的育兒方式以及身上的盾鱗都是牠們的特色。

鯨鮫身長達十八公尺，是世界上最大的魚類。

歡迎來到軟骨魚世界！

勇猛的海洋戰士——鯊

嘿唷！

我是縱橫七海的鯊魚王！

鯊魚是我的註冊商標！

鯊魚的造型是極優秀的。從古到今只做了小幅度的修正。

古代的鯊魚

現代的鯊魚

傳說中古代的鯊魚非常的巨大，有九十呎長。一枚鯊魚牙齒就有六吋長！

古鯊牙

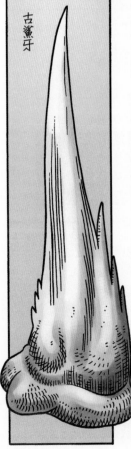

鯊魚的牙不是永久齒。新牙會不斷從頜骨後面長出來，一步步向前推進取代舊的牙齒。所以鯊魚始終能有一口森白鋒利的尖牙。

新牙

儲存齒

舊牙

頜骨

脫落

各種鯊魚的牙齒。

鼬鯊

噬人鯊

尖齒鯊

六鰓鯊

鯊魚的聽覺和嗅覺都非常敏銳，在很遠的地方就能嗅到血腥的味道。

一隻受傷的魚左方五百公尺有。

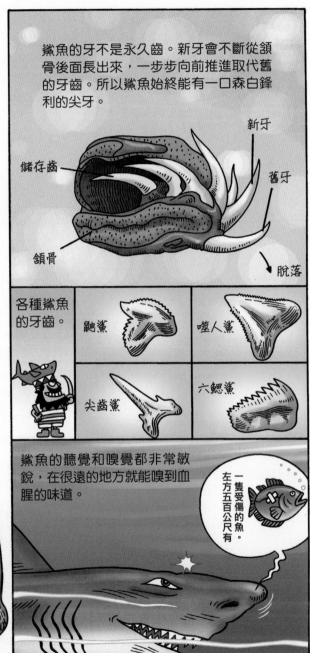

鯊魚沒有鰾，所以必須一直游動才不會沉到海底。

鯊魚的腸子裡是一圈圈的螺旋瓣，可以增加腸子的吸收面。

鯊魚身體的表面很粗糙，有無數的盾鱗緊密的排列著。

盾鱗的切面

琺瑯質　表皮

髓腔　　　　真皮

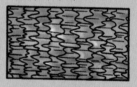

盾鱗

盾鱗的排列

許多的鯊魚是卵胎生，小鯊魚在卵裡發育、成長，母鯊不會將卵產出，等小鯊魚孵化才將卵排出母體外。

附帶著卵黃囊出生的小鯊魚

大王也是卵胎生的嗎？

這一點我難以接受！

149

軟骨的蝙蝠俠——鰩 一ㄠˊ

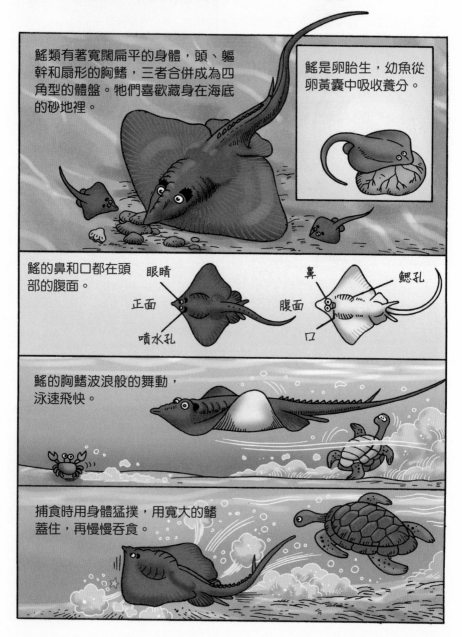

鰩類有著寬闊扁平的身體，頭、軀幹和扇形的胸鰭，三者合併成為四角型的體盤。牠們喜歡藏身在海底的砂地裡。

鰩是卵胎生，幼魚從卵黃囊中吸收養分。

鰩的鼻和口都在頭部的腹面。

正面　眼睛　噴水孔

腹面　鼻　鰓孔　口

鰩的胸鰭波浪般的舞動，泳速飛快。

捕食時用身體猛撲，用寬大的鰭蓋住，再慢慢吞食。

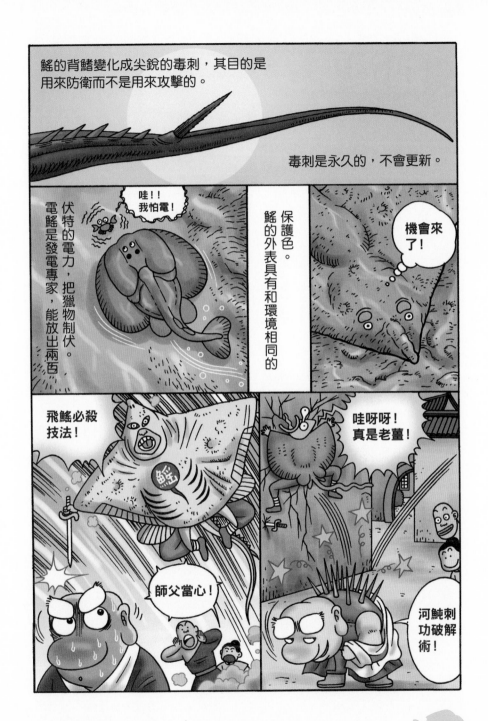

知道更多……

胎生的魚

　　大多數的魚兒都是卵生的，但有些鯊魚卻和哺乳動物一樣是胎生（編按：實為假胎生，因胎生動物之母體需要有胎盤，但鯊魚之卵黃胎盤與哺乳動物之胎盤不同。故稱假胎生。）。因此綜歸魚兒生產的方式可有三種基本類型，也就是：卵生、卵胎生和假胎生。卵生魚中以翻車魚產卵量最大，可達一億粒。卵胎生要比卵生進步點，因為在體內受精及發育比較安全，像魟魚就是用這種方式來繁衍的。

身懷毒器的魟

　　魟，也就是鍋蓋魚。當尾刺螫入動物體內隔不多久動物的身體就立刻紅腫起來，甚至死亡；後來還有人將魟的尾刺插進小樹根裡，發現樹葉竟然由綠轉黃而後慢慢枯萎至死。原來魟的尾刺是由毒腺、毒刺和溝管三部分組成的一種毒器，一旦刺入其他生物體內時就會放射出毒汁來，因此，漁人們捕獲魟時，多半會立即將牠的尾斬去，以免被螫中毒。

鯊魚是大近視眼！

　　大家都知道許多的鯊魚不是患有深度近親、就是有老花眼，牠是依著什麼來尋找獵物的呢？原來鯊魚感知水波振動的聽覺和感知味道的嗅覺都相當敏銳；由於在水中味道不易擴散，但牠仍能很快的嗅覺到近處的獵物味道，特別是血的味道。另外，為了補償視力的不足，鯊魚的鼻尖和臉頰上布滿了一點一點的小點叫作羅蘭第尼氏器官，可偵測電位的改變，也能幫助牠判斷獵物所在的位置。

鯊魚是吃人怪獸？

　　看過電影《大白鯊》的人一定對電影中張著血盆大口的凶猛吃人鯊印象深刻，甚至深深為之恐懼，但是大多數的鯊魚並不是可怕的吃人怪獸。事實上，數百種的鯊魚中，只有少數幾種會威脅人類，或有吃人的紀錄，很多鯊魚（例如：鯨鯊）就非常溫馴，潛水人可以跟牠們共游、接近牠們的身體，很多海洋生物館甚至還以餵食鯨鯊秀為招攬遊客的賣點，但鯨鯊非常有力，一不小心被甩尾攻擊，會造成傷害意外。

烏龍院 動物星球 6 魚

即日起收集《烏龍院動物星球4：鳥》、《烏龍院 動物星球5：昆蟲 & 爬蟲‧兩棲‧軟體‧甲殼動物》、《烏龍院動物星球6：魚》三本書書腰截角，附上回郵信封寄回時報，即可獲得「烏龍院動物星球精美書籤」一組！

活動日期：即日起至2015年11月30日止（以郵戳日期為憑）

活動辦法：於活動期間填妥回函詳細資料，
連同回郵信封（貼5元郵票），寄回時報出版，
即可獲得精美書籤一組。

* *

注意事項

1. 請於截止日期前寄回截角回函（並附上回郵信封），逾期不候。
2. 回函資料請務必填寫正確。本社對於個人資料絕對保密，僅供活動與通知備查使用。
3. 未附上回郵信封者（5元郵票），恕無法回寄贈品。
4. 收件資料若填寫不完全，導致贈品無法寄達，時報出版概不負責。
5. 實際活動時間及贈品內容以時報悅讀網公告為主。時報出版擁有更改或中止活動之權利。

* *

時報漫畫叢書FTL0869

烏龍院 動物星球⑥：魚

作　　　者──敖幼祥
主　　　編──陳信宏
特約編輯──李玉霜
責任企畫──曾睦涵
美術設計──果實文化設計
董 事 長
　　　　　──趙政岷
總 經 理
總 編 輯──李采洪
出 版 者──時報文化出版企業股份有限公司
　　　　　　10803臺北市和平西路三段240號3樓
　　　　　　發 行 專 線──（02）2306－6842
　　　　　　讀者服務專線──0800－231－705・（02）2304－7103
　　　　　　讀者服務傳真──（02）2304－6858
　　　　　　郵　　　撥──19344724 時報文化出版公司
　　　　　　信　　　箱──臺北郵政79~99信箱
時報悅讀網──http://www.readingtimes.com.tw
電子郵件信箱──newlife@readingtimes.com.tw
時報愛讀者臉書粉絲團──http://www.facebook.com/readingtimes.2
法 律 顧 問──理律法律事務所 陳長文律師、李念祖律師
印　　　刷──華展印刷有限公司
初 版 一 刷──2015年10月9日
定　　　價──新臺幣260元

國家圖書館出版品預行編目(CIP)資料

烏龍院動物星球6, 魚 / 敖幼祥作. -- 初版. -- 臺北市
：時報文化, 2015.10.
　面；　公分

ISBN 978-957-13-6407-0（平裝）

1.動物 2.漫畫

380　　　　　　　　　　　　　　104018069

即日起至2015年11月30日止，
請於截止日期前寄回截角回函及回郵信封，
逾時不候。主辦單位將依回郵信封寄回贈品。
更多活動詳情請見時報出版官網。

注意事項：

① 回函資料請務必填寫正確並收集三書活動截角。

　　本社對於個人資料絕對保密，僅供活動與通知備查使用。

② 收件資料若填寫不完全，導致贈品無法寄達，時報出版概不負責。

③ 實際活動時間及贈品內容以時報悅讀網公告為主。

　　時報出版擁有更改或中止活動之權利。

編號：FTL0869	書名：烏龍院動物星球⑥：魚
姓名：	性別：1.男　2.女
出生日期：　年　月　日	身分證字號：

學歷：1.小學 2.國中 3.高中 4.大專 5.研究所(含以上)

職業：1.學生　　2.公務　　3.家管　　4.服務　　5.金融
　　　6.製造　　7.資訊　　8.大眾傳播　　9.自由業
　　　10.農漁牧　　11.退休

地址：_____縣/市_____鄉/鎮/區_____村
　　　_____里_____鄰_____路/街
　　　_____段_____巷_____弄
　　　_____號_____樓　郵遞區號_____

●請收集《烏龍院動物星球④：鳥》、《烏龍院 動物星球⑤：昆蟲 & 爬蟲・兩棲・軟體・甲殼動物》、《烏龍院動物星球⑥：魚》書腰截角後，貼上後連同回郵信封寄回時報出版

烏龍院動物星球④：
鳥

書腰截角
黏貼處

烏龍院動物星球⑥：
魚（10月上市）

書腰截角
黏貼處

書腰截角
黏貼處

烏龍院動物星球⑤：
昆蟲＆爬蟲・兩棲・
軟體・甲殼動物

●《烏龍院動物星球》系列叢書一套共七本書陸續上市，你想看以下哪一主題？（可複選）

☐恐龍　☐哺乳動物　☐鳥　☐昆蟲/爬蟲類　☐瀕臨絕種動物

請沿虛線剪下，謝謝！